· 消防应急科普系列 ·

灭 火 器

王竟萱　王　玉　编

应 急 管 理 出 版 社

· 北　京 ·

图书在版编目（CIP）数据

灭火器 / 王竟萱, 王玉编 . -- 北京：应急管理出版
社，2020
（消防应急科普系列）
ISBN 978-7-5020-8076-1

Ⅰ.①灭… Ⅱ.①王… ②王… Ⅲ.①灭火器—普
及读物 Ⅳ.①TQ569-49

中国版本图书馆 CIP 数据核字（2020）第 073709 号

灭火器（消防应急科普系列）

编　　者	王竟萱　　王　玉	
责任编辑	尹忠昌　　曲光宇	
编　　辑	梁晓平	
责任校对	邢蕾严	
封面设计	陈　珊	

出版发行　应急管理出版社（北京市朝阳区芍药居 35 号　　100029）
电　　话　010-84657898（总编室）　　010-84657880（读者服务部）
网　　址　www.cciph.com.cn
印　　刷　中煤（北京）印务有限公司
经　　销　全国新华书店

开　　本　880mm×1230mm$^1/_{32}$　印张　$1^3/_8$　字数　34 千字
版　　次　2020 年 10 月第 1 版　2020 年 10 月第 1 次印刷
社内编号　20200371　　　　　　定价　22.00 元

目 次 .
CONTENTS

火灾理论中认为，一起火灾发生发展主要分为三个阶段，分别为火灾初起阶段、火灾发展和猛烈燃烧阶段、火灾熄灭阶段。通常起火 5～10 min 后起火部位即可进入火灾的发展蔓延阶段，如果能在火灾初起阶段的 5～10 min 内将火灾扑灭，可大大减少人员伤亡和财产损失。扑救初起火灾的最常用灭火工具就是灭火器，灭火器也是各类场所（如商场、车站、影院等）配置最多的灭火装置，充分利用灭火器及时扑救初起火灾是减轻灾害危害的重要方法。目前，灭火器内最常用灭火剂是水、泡沫、二氧化碳、干粉、卤代烷等，但由于灭火器的大小、性能、使用范围各不相同，因而所针对的灭火对象、使用场合也各不相同。因此，了解灭火器的基本知识、掌握灭火器的使用方法，可有效地扑救初起火灾，减少火灾中人员的伤亡和财产损失。

第一章　灭火器通用知识

　　灭火器是一种轻便的灭火工具，它由筒体、器头、喷嘴等部件组成，借助驱动压力可将所充装的灭火剂喷出，从而达到灭火目的。灭火器的结构简单，而且操作方便，所以被大家广泛使用，是扑救各类初起火灾常见的消防器材。灭火器是一种可携式的灭火工具，灭火器内放置化学物品，用以灭火。灭火器是常见的灭火器材之一，存放在公众场所或可能发生火灾的地方，不同种类的灭火器内充装的成分不一样，以适用于不同类型的火灾（图1-1）。

　　灭火器主要用于扑救初起火灾，一具质量合格，又使用得当的灭火器，可以将一场损失巨大的火灾扑灭在萌芽状态。因此，灭火器对保护人民的生命财产安全，有着十分重要的作用。

（a）灭火器的规格　　　　　　（b）灭火器的种类

图1-1　灭火器的规格及种类

第一节　灭火器的起源和发展

一、灭火器的起源

世界上第一具灭火器诞生在 1834 年，发明人是英国的乔治·威廉·曼比。这种手提式压缩气体灭火器是一个长为 2 ft（1 ft=0.3048 m）、直径为 8 in（1 in=0.0254 m）、容量为 4 gal 的铜制圆筒，与现在的灭火器基本上相同。

二、灭火器的发展

两百年来，曼比灭火器经过不断的改进和完善，才达到了现在的完备程度。

1866 年，法国的弗朗索瓦·卡莱尔对曼比灭火器进行了第一次改进，用碳酸氢钠（水）和硫酸混合产生二氧化碳气体，以代替压缩空气作为水的推进剂，并首次申请了苏打酸灭火器专利，这也是现代灭火器的开始。

1905 年，俄国的劳伦特教授发明了化学泡沫灭火器，该灭火器可以利用二氧化碳泡沫窒熄火焰。灭火器内置有硫酸铝与碳酸氢钠溶液，其中，硫酸铝放置在圆筒的一个小室内，它在灭火器使用之前是密封的，只有在灭火器使用时硫酸铝才能与碳酸氢钠混合而产生含有二氧化碳的泡沫。

1910 年，特拉华州芑制造公司申请了一项四氯化碳灭火器专利。第二年又申请了一种小型便携式灭火器的专利，也是使用四氯化碳进行灭火的。该灭火器为一个黄铜或铬制容器，带有一个集成的手泵，用来向火中喷射液体，通过抑制燃烧过程中的化学链式反应来汽化和熄灭火焰。后来，这种灭火器由于四氯化碳存在健康风险而逐渐被淘汰。

1924 年，沃尔特·基德公司发明了二氧化碳灭火器。该灭火器由一个高金属圆柱体组成，内含 3.4 kg 二氧化碳，并带有一个车轮阀，一根软管，以及一个复合漏斗状喷嘴。利用二氧化碳灭火主要是通过其对氧气的置换来实现的。

第二节　灭火器的规格与标志

一、灭火器的规格

✅1. 手提式灭火器的规格

手提式干粉灭火器的规格有 1 kg、2 kg、3 kg、4 kg、5 kg、6 kg、8 kg、9 kg 和 12 kg 九种。

手提式二氧化碳灭火器的规格有 2 kg、3 kg、5 kg 和 7 kg四种。

手提式水型灭火器的规格有 2 L、3 L、6 L 和 9 L 四种。

手提式洁净气体灭火器的规格有 1 kg、2 kg、4 kg 和 6 kg四种。

✅2. 推车式灭火器的规格

推车式水基型灭火器的规格有 20 L、45 L、60 L 和 125 L四种。

推车式干粉灭火器的规格有 20 kg、50 kg、100 kg 和 125 kg四种。

推车式二氧化碳灭火器和推车式洁净气体灭火器的规格有 10 kg、20 kg、30 kg 和 50 kg 四种。

二、灭火器的标志

灭火器筒体外表的颜色推荐采用红色。灭火器上有发光标志，以便在黑暗中指示灭火器所处的位置，发光标志采用无毒、无放射性等不危害人体的材料制造。灭火器的铭牌（图 1-2）应贴在筒体上或印刷在筒体上，主要包括下列内容：

图 1-2　灭火器的铭牌特写图片

（1）灭火器的名称、型号和灭火剂的种类。

（2）灭火器灭火级别和灭火种类。其代码的尺寸应大于 16 mm×16 mm，但不能超过 32 mm×32 mm；对不适应的灭火种类，其用途代码可以不标，但对于使用会造成操作者危险的，则应用红线"×"去，并用文字明示在灭火器的铭牌上。

（3）灭火器使用温度范围。

（4）灭火器驱动气体名称和数量（或压力）。

（5）灭火器水压试验压力。应用钢印打在灭火器不受内压的底圈或颈圈等处。

（6）灭火器认证等标志。

（7）灭火器生产连续序号。可印刷在铭牌上，也可用钢印打在不受压的底圈上。

（8）灭火器生产年份。灭火器生产年份是用钢印永久性地标示在灭火器上的，在一年中最后 3 个月生产的灭火器可以标下一年生产的年份，而在一年中前 3 个月生产的灭火器可以标上一年生产的年份。

（9）灭火器制造厂名称或代号。

（10）灭火器的使用方法，包括一个或多个图形说明和灭火种类代码。该说明和代码应标示在铭牌的明显位置，且在筒体上不应超过 120°；当灭火器的直径大于 80 mm 时，说明内容部分的尺寸不应小于 75.0 cm^2；当灭火器的直径小于或等于 80 mm 时，说明内容部分的尺寸不应小于 50.0 cm^2。

（11）再充装说明和日常维护说明。灭火器的底圈或颈圈部分，刻有该灭火器的水压试验压力值、出厂年份的钢印。

三、灭火器的结构

通常，手提式灭火器或推车式灭火器由三部分构成，分别为筒体、器头和灭火剂。

✅ 1. 筒体

筒体是装载灭火剂的容器，一般用碳钢、铝合金和不锈钢等材料制造，其成形的方式有三种：

（1）焊接筒体。它由三部分组成，即上、下封头和筒身，经焊接连在一起，组成密封的圆柱形筒体。

（2）拉伸筒体。它由两部分组成，即将钢板经深拉伸成圆柱状、没有底的容器，然后将两个这样的容器对接焊，就能形成圆柱形筒体；也可将钢板经深拉伸成圆柱状、没有底的容器，然后再在底部焊接上封头即成。

（3）热旋压筒体。这种工艺基本用在高压二氧化碳灭火器筒体上，方法是将无缝钢管两头加热，使钢管旋转，用模具在加热的两头分别收底、收口而形成。这种方法无须焊接，因此筒体受压较高。如果发现热旋压筒体有焊接的痕迹，则其为不合格品。

✅ 2. 器头

器头是输送灭火剂的主要部件，一般由铜、铝、钢等材料制造（我国现在生产的器头没有高分子材料的，即没有塑料的）。器头都带有开关，能开启和关闭灭火器的喷射（术语称为可间歇喷射的装置，目前我国生产的贮压式灭火器都具备这种可开关的器头）。器头上还连接着喷射系统，在器头的下方用螺母连接着虹吸管（或叫出粉管），在器头部位装有压力指示器，二氧化碳灭火器器头上还有安全超压保护装置。器头上还装有喷射软管或喷嘴。凡充装灭火剂量大于 3 kg（或 3 L）的必须装有喷射软管，凡充装灭火剂量小于 3 kg（或 3 L）的可装有喷嘴。

✅ 3. 灭火剂

目前，灭火器内充装的灭火剂有四大类：水或加添加剂（如泡沫液、浸润剂、增稠剂等）的水；干粉灭火剂，如 BC 干粉（碳酸氢钠干粉）灭火剂和 ABC 干粉（磷酸铵盐干粉）灭火剂；二氧化碳灭火剂；卤代烷灭火剂。

卤代烷灭火剂主要是 1211 灭火剂和少量 1301 灭火剂。2005年，我国停止生产 1211 灭火剂；2010 年，我国停止生产 1301 灭火剂。目前用于灭火器的卤代烷灭火剂是六氟丙烷灭火剂，美国杜邦称之为 FE36，这类灭火剂在国际上被称为洁净气体灭火剂。

第三节　灭火器的分类方法

灭火器有多种分类方法，不同种类的灭火器适用于不同物质的火灾，主要的分类方法和类型如下所述。

一、按移动方式分类

灭火器按照移动方式可分为手提式灭火器和推车式灭火器，

如图 1-3 所示。

手提式灭火器是指能在其内部压力作用下，将所装的灭火剂喷出以扑救火灾，并可手提移动的灭火器具。

推车式灭火器是指装有轮子的可由一人推（或拉）至火场，并能在其内部压力作用下，将所装的灭火剂喷出以扑救火灾的灭火器具。

图 1-3　手提式灭火器和推车式灭火器

二、按驱动灭火剂的动力源分类

灭火器按驱动灭火剂的动力来源可分为贮气瓶式灭火器和贮压式灭火器。

贮气瓶式灭火器是指灭火剂由灭火器上的贮气瓶释放的压缩气体或液化气体的压力驱动的灭火器（已停止使用），如 MF 型手提外挂式干粉灭火器和 MF 型手提内置式干粉灭火器（图 1-4 和图 1-5）。

贮压式灭火器是指灭火剂由贮存于灭火器同一容器内的压缩气体或灭火剂蒸气压力驱动的灭火器，如手提式干粉灭火器（图 1-6）。

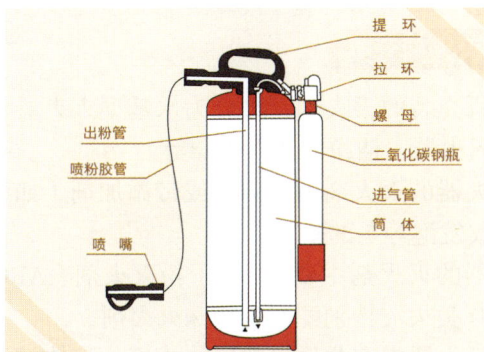

图 1-4　MF 型手提外挂式干粉灭火器

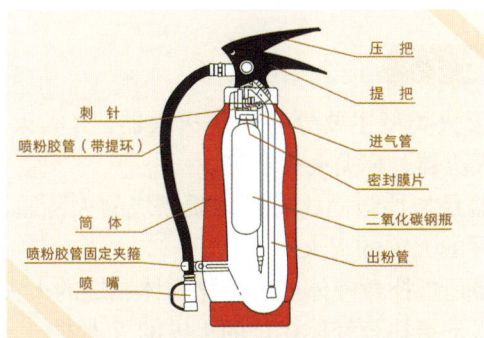

图 1-5　MF 型手提内置式干粉灭火器

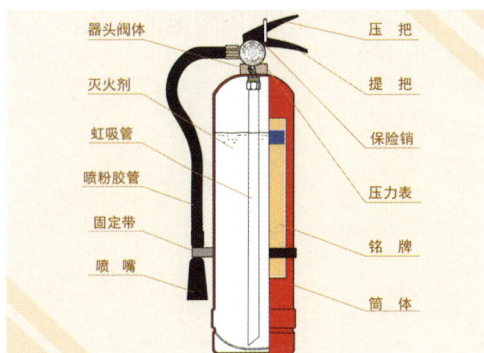

图 1-6　手提式干粉灭火器

三、按充装的灭火剂分类

灭火器按所充装的灭火剂则可分为水基型灭火器、干粉灭火器、二氧化碳灭火器、洁净气体灭火器等。

水基型灭火器的灭火剂为清洁水或带添加剂（如湿润剂、增稠剂、阻燃剂或发泡等）的水。

干粉灭火器的灭火剂主要有 BC 干粉灭火剂、ABC 干粉灭火剂，或可以为 D 类火灾特别配制的特殊灭火剂。

洁净气体灭火器内充非导电的气体或汽化液体的灭火剂，这种灭火剂喷射后能蒸发，不留残余物。

四、按灭火类型分类

灭火器按灭火类型主要分为 A 类灭火器、B 类灭火器、C 类灭火器、D 类灭火器、E 类灭火器等。

A 类灭火器是指扑救固体有机物质燃烧的火，通常燃烧后会形成炽热的余烬的火灾的灭火器。

B 类灭火器是指扑救液体或可熔化固体燃烧的火灾的灭火器。

C 类灭火器是指扑救气体燃烧的火灾的灭火器。

D 类灭火器是指扑救金属燃烧的火灾的灭火器。

E 类灭火器是指扑救燃烧时物质带电的火灾的灭火器。

第二章　干粉灭火器

　　干粉灭火器是利用氮气作为驱动动力，将筒内的干粉灭火剂喷出灭火的灭火器。干粉灭火器内充装的是干粉灭火剂。除扑救金属火灾的专用干粉化学灭火剂外，干粉灭火剂一般分为 BC 干粉灭火剂和 ABC 干粉灭火剂两大类。目前，国内已经生产的干粉灭火剂产品有磷酸铵盐干粉灭火剂、碳酸氢钠干粉灭火剂、氯化钠干粉灭火剂、氯化钾干粉灭火剂等。

　　干粉灭火器可扑救一般可燃固体火灾，还可扑灭油、气等燃烧引起的火灾。主要用于扑救石油、有机溶剂等易燃液体、可燃气体和电气设备的初起火灾，广泛用于商城、市场、宾馆、饭店、医院、学校、娱乐场所、油库、化工厂、飞机场及工矿企业等。

第一节　干粉灭火器的灭火原理及适用范围

一、干粉灭火器的灭火原理

　　干粉灭火器的主要灭火原理：一是依靠干粉中的无机盐的挥发性分解物，与燃烧过程中燃料所产生的自由基或活性基团发生化学抑制和催化作用，使燃烧的链反应中断而灭火；二是依靠干粉的粉末落在可燃物表面外，发生化学反应，并在高温作用下形成一层玻璃状覆盖层，从而隔绝氧气，进而窒熄灭火。另外，还有部分稀释氧和冷却作用。

二、干粉灭火器的适用范围

灭火器配置场所的火灾种类可划分为以下六类（图2-1）：

A类火灾。是指固体物质火灾，也是我们比较常见的火灾，如木材、煤、棉、毛、麻、纸张等火灾。

B类火灾。是指液体火灾或可熔化的固体物质火灾，如汽油、柴油火灾。

C类火灾。是指气体火灾，如煤气、天然气火灾。

D类火灾。是指金属火灾，如钛、钾、钠、镁、铝镁合金、烷基类、液态金属类等火灾。

E类火灾（带电火灾）。是指物体带电燃烧的火灾，如带电物体和精密仪器等物质的火灾。

F类火灾。是指烹饪器具内的烹饪物（如动植物油脂）火灾。

（a）A类火灾——固体物质火灾

（b）B类火灾——液体火灾或可熔化的固体物质火灾

（c）C类火灾——气体火灾

（d）D类火灾——金属火灾

注：金属镁燃烧时能产生耀目的白光。

（e）E 类火灾——物体带电
燃烧的火灾

（f）F 类火灾——烹饪器具内的
烹饪物火灾

图 2-1　火灾的种类

A 类火灾场所应选用磷酸铵盐干粉灭火器。

B 类火灾场所应选择碳酸氢钠干粉灭火器、磷酸铵盐干粉灭火器。

C 类火灾场所应选择磷酸铵盐干粉灭火器、碳酸氢钠干粉灭火器。

D 类火灾场所应选择扑救金属火灾的专用灭火器。

E 类火灾场所应选择磷酸铵盐干粉灭火器、碳酸氢钠干粉灭火器。

F 类火灾场所应选择磷酸铵盐干粉灭火器、碳酸氢钠干粉灭火器。

第二节　干粉灭火器的结构

一、手提式干粉灭火器的主要组件

手提式干粉灭火器的主要组件如图 2-2 所示。

☑ 1. 标志

标志也称为贴花，一般用印刷的不干胶贴在灭火器筒体的外表。标志的主要内容应有灭火器名称、型号、灭火级别、使用温度范围、驱动气体数量和名称、灭火器的使用方法、水压试验压力、制造厂名称等内容。

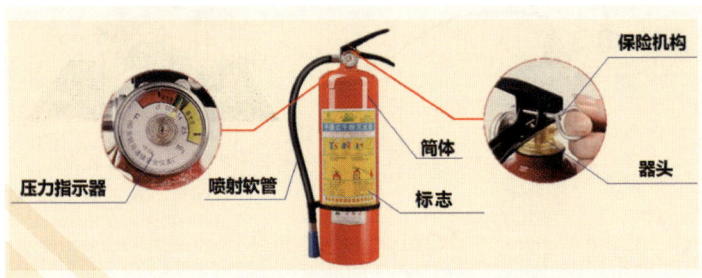

图 2-2　手提式干粉灭火器的主要组件

2. 压力指示器

为了能够辨别该灭火器内是否有压力，凡是贮压式灭火器，均安装有能够显示其内部压力的压力指示器。压力指示器上的指针如果指示在绿色区域内，则说明该灭火器的驱动压力正常；如果指示在红色区域，则说明该灭火器的驱动压力已不够；如果指示在黄色区域，则说明该灭火器的驱动压力超压，如图2-3所示。

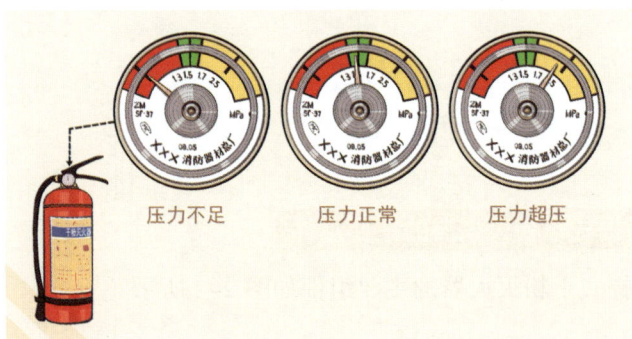

图 2-3　压力指示器

压力指示器 20 ℃时的工作压力值应与灭火器标志上所标 20 ℃时的充装压力值相符。例如，灭火器标志上所标 20 ℃时充装压力值为 1.2 MPa，而压力指示器上 20 ℃时的压力指示值为 1.5 MPa，则说明该灭火器的压力指示器装错了。

灭火器所安装的压力指示器应与应充装的灭火剂相符。压力指示器有三种，分别安装在干粉灭火器、水或泡沫灭火器及卤代烷 1211 灭火器上。它们分别在压力指示器的表面上标有"F""P""Y"字母以示区别。例如，手提式干粉灭火器安装的压力指示器，其表盘上的字母是"F"。

✅ 3. 喷射软管

凡是灭火剂量大于 3 kg 的干粉灭火器，都装有喷射软管。喷射软管的长度不应小于 400 mm，不包括喷射软管两端的接头或喷嘴（图 2–4）。喷射软管及接头等在灭火器使用温度范围内应能满足使用要求，喷射软管组件与器头或阀连接时，应使喷射软管不受损伤，喷射软管组件应有固定在灭火器筒身上的结构并应取用方便。

> 喷射软管长度≥400mm

图 2–4　喷射软管（用于手提式干粉灭火器）

✔4.保险机构

干粉灭火器装有保险机构。这种保险机构可以是保险销（图2-5），也可以是起相同作用的其他结构。目前，我国生产的灭火器的保险机构一般都是采用保险销的结构。灭火器保险销上一般都有铅封或塑带封，铅封或塑带封是一次性使用的，凡是灭火器上保险销铅封或塑带封有脱落、断裂等现象，说明该灭火器可能被使用过。

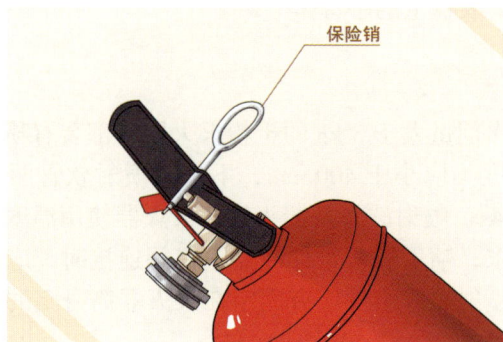

图 2-5　保险销

✔5.器头

干粉灭火器为了保证能够密封都装有器头（图2-6），器头由阀门等部件组成，灭火器应配有间歇喷射结构，以保证灭火器可在任何时间中断喷射。贮压式干粉灭火器的器头都有可开关灭火剂喷射的结构，因此都具备可间歇喷射的功能，但贮气瓶式干粉灭火器的器头上有的具备关闭灭火剂喷射的结构，有的则没有。没有关闭灭火剂喷射结构的贮气瓶式干粉灭火器则在喷射软管前端加装有可开关灭火剂喷射的喷枪。从外观上来判断：1 kg、2 kg、3 kg干粉灭火器一般都没有可间歇喷射的结构，外挂式的贮气瓶式干粉灭火器，其器头部分一般也没有间歇喷射的结构，但在喷射软管前端加装有可开关灭火剂喷射的喷枪。

图 2-6　器头

✅ 6. 筒体

筒体（图 2-7）一般用碳钢、铝合金和不锈钢等材料制造。灭火器的底圈或颈圈部分应有该灭火器的水压试验压力值、出厂年份的钢印。灭火器筒体应有足够的机械强度。灭火器筒体应进行水压试验、爆破试验、压扁试验、压力交变试验等，试验中不应有泄漏、破裂和可见的变形等缺陷。筒体材料应符合相应标准规定，并有材料质保书，且应保证质保书的有效性。

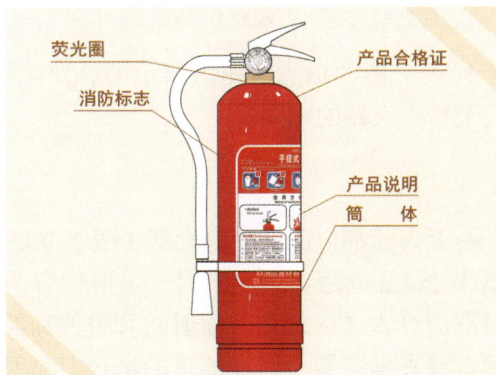

图 2-7　筒体

二、推车式干粉灭火器的主要组件

推车式干粉灭火器的主要组件如图 2-8 所示。

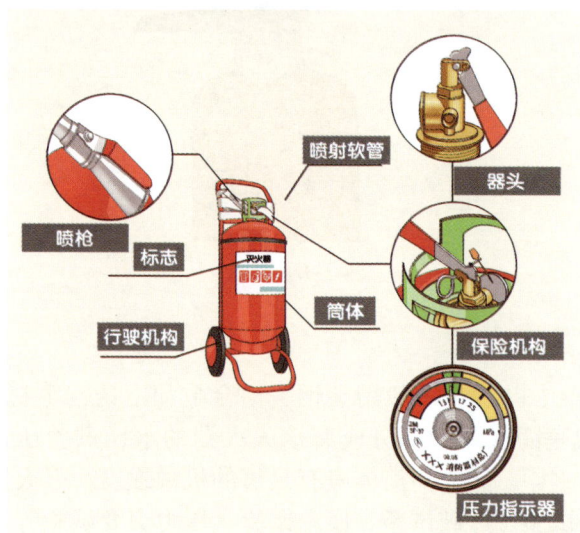

图 2-8　推车式干粉灭火器的主要组件

✅ **1. 标志、压力指示器、保险机构、筒体、器头**

推车式干粉灭火器的标志、压力指示器、保险机构、筒体、器头与手提式干粉灭火器的相同。

✅ **2. 喷射软管**

推车式干粉灭火器都应配备喷射软管（图 2-9），而且喷射软管的长度应不小于 4 m，用卷尺测量时，喷射软管两端的接头和喷枪的长度都不应算入 4 m 之内。喷射软管组件和控制阀应安全地固定在储藏盒或夹紧装置中，在危急的场合，喷射软管应能被快速简便地展开，并无绞缠。

图 2-9　喷射软管（用于推车式干粉灭火器）

✅ 3. 喷枪

推车式干粉灭火器喷射软管的出口端都应装上可以开关灭火剂喷射的喷枪（图 2-10）。喷枪应有稳妥安放的结构，以保证灭火器在移动过程中不脱落。采用旋转式开启的喷枪，在其枪体上应有指示"开""关"字样的标记。

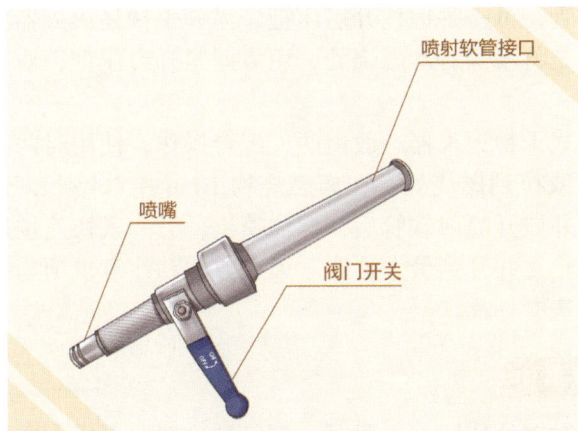

图 2-10　喷枪

✅ 4. 行驶机构

推车式干粉灭火器有一个装有轮子的行驶机构。该机构应有足够的通过性能，在推（或拉）行过程中的最低位置的尺寸（轮子除外）与地面的间距不应小于 100 mm。推车式干粉灭火器的车架组件应设计成具有固定和运载推车式干粉灭火器所有部件和零件的功能，且当推车式干粉灭火器在竖立的位置向任何方向翻倒时，该推车式干粉灭火器筒体或气瓶、喷射软管的固定单元和所有的其他部件应能得到保护。

第三节　干粉灭火器的使用方法及注意事项

一、使用方法

手提式干粉灭火器在使用时，应手提灭火器的提把或肩扛灭火器到火场。在距燃烧处 3 m 左右，放下灭火器，先拔出保险销，一手握住开启把，另一手握在喷射软管前端的喷嘴处。如灭火器无喷射软管，可一手握住开启压把，另一手扶住灭火器底部的底圈部分。先将喷嘴对准燃烧处，用力握紧开启压把，对准火焰根部扫射。

推车式干粉灭火器一般由两人配合操作，使用时两人一起将灭火器推或拉到燃烧处，在离燃烧物 10 m 左右停下，一人快速取下喷枪并展开喷射软管后，握住喷枪，另一人快速按逆时针方向旋动手轮，并开到最大位置。灭火方法和注意事项与手提式干粉灭火器基本一致。

二、注意事项

（1）在室外使用灭火器时，应尽量选择在上风方向。以防火灾引起的热辐射对灭火人员造成热伤害，以及喷射出的粉末对呼吸道造成伤害。

（2）灭火时，灭火操作人员应左右慢慢摆动喷射软管喷嘴（无喷射软管灭火器可摆动器头喷嘴），便于干粉均匀地喷射到起火物体表面。

第三章　二氧化碳灭火器

二氧化碳灭火器内充装的是液态的二氧化碳，火灾时直接开启喷射，液态二氧化碳从容器内喷射到空气中，可快速汽化达到灭火目的。二氧化碳灭火剂是一种具有 100 多年历史的灭火剂，价格低廉，获取、容易制备。25 ℃时二氧化碳饱和蒸气压为 6.43 MPa，也就是说在常温下，气态二氧化碳加压至 60 个大气压左右，可变成无色的液体，可将其储存在高压气瓶内。二氧化碳具有较高的密度，约为空气的 1.52 倍。

第一节　二氧化碳灭火器的灭火原理及适用范围

二氧化碳是由一个碳原子和两个氧原子组成的化合物（CO_2），如图 3-1 所示，常温下是无色、略带酸味的气体，它既不能燃烧也不能助燃，是天然的灭火剂。

一、二氧化碳灭火器的灭火原理

二氧化碳灭火器的灭火原理主要有以下两个：一是窒熄作用。当打开二氧化碳灭火器阀门时，液体二氧化碳就沿着管道上升至喷嘴处，接触到常温常压的液态二氧化碳会迅速汽化，可以稀释燃烧区的空气，将空气隔绝，起火物质就不会继续燃烧而逐渐熄灭。二是冷却作用。液态二氧化碳喷放过程中会吸收大量的热，因此灭火器喷筒内的温度将急剧下降，当温度降低至 –70 ℃

左右时，一部分二氧化碳将凝结成雪片状固体，即干冰。干冰暴露在空气中也将迅速汽化，同时还要从周围环境中吸收大量的热，这可使燃烧物温度降低，起到促进火焰熄灭的作用。

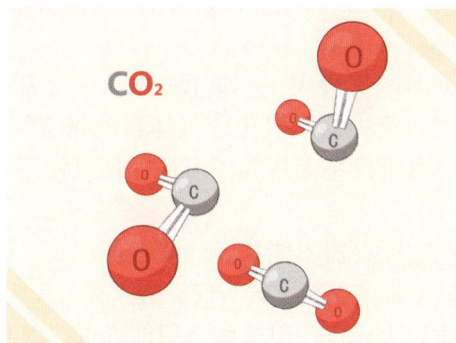

图 3-1　二氧化碳分子图

二、二氧化碳灭火器的适用范围

从灭火器喷出的二氧化碳液体汽化形成的气体具有较好的流动性，由于常温常压下二氧化碳为气态，因此该类灭火器喷射率很高，并且具有不腐蚀容器、不易变质等优良性能。

二氧化碳灭火器的适用范围如下：

A 类火灾（即固体类物质火灾）。如木料、布料、纸张、橡胶、塑料等燃烧形成的火灾。适用的主要场所有图书馆、档案馆、资料馆、文物馆等，二氧化碳灭火后，释放的气体可通风置换掉，因此不会污损未起火部位的纸质资料，可有效保护重要档案和文件资料。

B 类火灾（即液体火灾或可熔化固体物质火灾）。如可燃易燃液体（如油品、酒精等）燃烧形成的火灾，以及沥青、石蜡等可熔化固体物质燃烧形成的火灾。扑救这类火灾时，二氧化碳可稀释起火液体表面氧气，使火焰迅速窒熄，从而起到快速灭火的作用。另外，二氧化碳可降低燃烧液体温度，降低液体蒸发量从而减弱火灾。

C 类火灾（即气体火灾）。如煤气、天然气、甲烷、氢气等燃烧形成的火灾。可燃气体起火后，同样可利用二氧化碳的窒熄性，实现快速灭火。

E 类火灾（即电气火灾）。如计算机房、电器控制机房、精密仪器室内火灾，灭火后二氧化碳气体自动排空释放，对电气设备、精密仪器、贵重设备无污染，可快速恢复使用。

注意：

（1）二氧化碳灭火器不能扑救活泼金属火灾。如钾、钠、镁、铝、钛等物质起火时，二氧化碳不仅无法灭火，反而可以助燃，尽管二氧化碳性质较为稳定，但这些金属能夺取二氧化碳的氧原子，使碳游离。如镁在二氧化碳中燃烧，生成氧化镁，同时析出碳。

（2）二氧化碳灭火器不能扑救含氧类化学物质火灾。如硝化棉、赛璐珞、火药等物质起火后，不需要外界提供氧气，依靠自身所含的氧进行燃烧反应，因此二氧化碳对这类物质的火灾是不起作用的（图 3-2）。

图 3-2　二氧化碳灭火器喷射赛璐珞火灾

（3）二氧化碳灭火器不能直接扑救电压超过 600 V 的电气火灾。600 V 以上电压可能会击穿二氧化碳，使其导电，严重危害灭火人员人身安全，因此使用二氧化碳灭火器扑救 600 V 以上电气火灾时应先采取断电措施，后使用灭火器灭火（图 3-3）。

（a）未断电　　　　　　　　　　　（b）断电

图 3-3　二氧化碳灭火器喷射电压超过 600 V 的电气火灾

第二节　二氧化碳灭火器的结构

二氧化碳需要加压才能成为液体，所以二氧化碳灭火器内的压力较高，盛装二氧化碳的瓶体也需要较高的承压能力，因此瓶体多采用镇静钢或无缝钢管制造。

通常，二氧化碳灭火器（图 3-4）有两种形式，一种为手提式二氧化碳灭火器，另一种为推车式二氧化碳灭火器。手提式二氧化碳灭火器主要由瓶体、器头（阀门）、喷管、保险销、虹吸管、安全阀和喷筒构成。推车式二氧化碳灭火器主要由器头、喷管、喷筒、瓶体和车架组成。与其他类型灭火器不同的是，由于二氧化碳灭火器内压较高，普通的灭火器压力表承压能力不足，因此该类灭火器取消了压力表，增设了安全阀，所以判断二氧化碳灭火器是否失效就无法采用直观的压力表度数阀，而是应采用称重法。

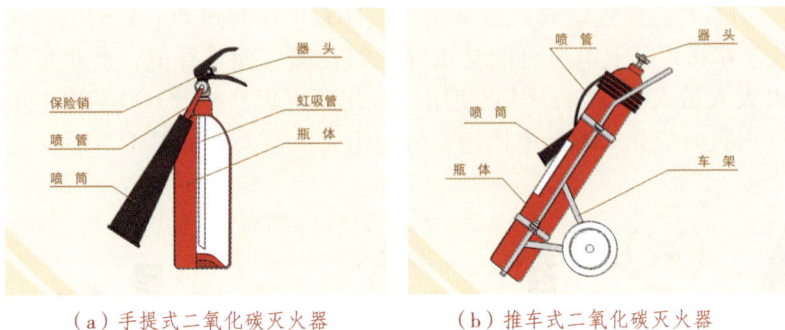

（a）手提式二氧化碳灭火器   （b）推车式二氧化碳灭火器

图 3-4 二氧化碳灭火器结构图

第三节 二氧化碳灭火器的使用方法及注意事项

一、二氧化碳灭火器的使用方法

✅ 1. 手提式二氧化碳灭火器的使用方法

使用手提式二氧化碳灭火器灭火时，由单人操作。将灭火器提到火场，在距燃烧物 3 m 左右放下灭火器，拔出保险销，一手握住启闭阀的压把，另一手握住喇叭喷筒（图 3-5）。对没有喷射软管的二氧化碳灭火器，应将连接喇叭喷筒的金属管上扳 70°～90°。当可燃物呈流淌状燃烧时，应由近至远地将二氧化碳灭火剂喷向火焰。如果可燃液体在容器内燃烧，则应将喇叭喷筒提起，从容器的一侧上部向燃烧的容器中喷射。

✅ 2. 推车式二氧化碳灭火器的使用方法

推车式二氧化碳灭火器使用时由两人操作。首先把灭火器平稳地推至火场附近，在距离起火点大约 10 m 处停下，一人迅速取下

取出二氧化碳灭火器

拔掉保险销

对准火焰根部喷射
（人站立在上风侧）

一手握住启闭阀的压把，
另一手握住喇叭喷筒

图 3-5　手提式二氧化碳灭火器的使用方法

喇叭喷筒，展开喷射软管，双手紧握喇叭喷筒，将喇叭喷筒对准火焰准备进行喷射，另一人迅速卸下二氧化碳灭火器瓶安全帽，逆时针方向旋转手轮，把手轮开到最大位置，将二氧化碳从喇叭喷筒喷射到火焰根部灭火（图 3-6）。

把灭火器平稳地
推至火场附近

将盘绕的喷射软管顺势
展开直至平直，不能弯
曲或打圈

双手紧握喷筒，对准火焰
根部喷射，使灭火剂散落
在燃烧的物体上

逆时针方向旋转手轮，
打开阀门

图 3-6　推车式二氧化碳灭火器的使用方法

二、注意事项

（1）扑救可燃液体火灾时，不能使二氧化碳射流直接冲击可燃液面，以防将可燃液体冲出容器而扩大火势，造成火势扩大。

（2）扑救不超过 600 V 的电气火灾时，不应使用带金属喇叭喷筒的二氧化碳灭火器，由于灭火人员需一只手持金属喇叭喷筒，一旦触及带电物体将造成人体触电，引起人身伤害（图3-7）。如果电压超过 600 V，应先断电后灭火，未断电时严禁使用，以防触电。

图 3-7　使用不当触电

（3）室外使用二氧化碳灭火器灭火时，应选择站立在上风向喷射，使用时宜佩戴手套，不能直接用手触碰喇叭喷筒外壁或金属连接管，由于液态二氧化碳释放至空气中，将大量吸热，金属喇叭喷筒温度骤降，以防手被冻伤（图3-8）。

（4）在室内或狭小空间内使用二氧化碳灭火时，灭火人员不能长时间停留，一旦灭火器喷射完毕后，灭火人员不宜查看火势，应选择迅速离开，以防窒息。

图 3-8　喷射中戴手套

第四章　水基型灭火器及其他类型灭火器

除干粉灭火器和二氧化碳灭火器外，水基型灭火器也被广泛地应用于各类易发生火灾的场所。此外还有以六氟丙烷灭火器为代表的洁净气体灭火器及简易式灭火器，在某些特定场所或环境中也有所配置。

第一节　水基型灭火器

水基型灭火器是指内部充入的灭火剂是以水为基础的灭火器，一般由水、氟碳催渗剂、碳氢催渗剂、阻燃剂、稳定剂等多组分配合而成，以二氧化碳（氮气）为驱动气体，将灭火剂喷射出去，这类灭火器也是一种高效的灭火器。常用的水基型灭火器有清水灭火器、水基型泡沫灭火器和水基型水雾灭火器三种。

一、清水灭火器

清水灭火器筒体中充装的是清洁的水，为了提高灭火性能，在清水中加入适量添加剂，如抗冻剂、润湿剂、增黏剂等。国产的清水灭火器采用贮气瓶加压方式，加压气体为液态二氧化碳。

（1）结构组成。清水灭火器由保险帽、提圈、筒体、二氧化碳（氮气）气体贮气瓶和喷嘴等部件组成。

（2）适用范围。用于扑救固体物质火灾，如木材、棉麻、纺织品等的初起火灾，但不适用于扑救油类火灾、电气火灾、轻金属火灾及可燃气体火灾。

（3）使用方法。摘下保险帽，用手掌拍击开启顶杆顶端灭火器头（阀门），清水便会从喷嘴喷出。当清水从喷嘴喷出时，立即用一只手提起灭火器筒盖上的提圈，另一只手托起灭火器的底圈，将喷射的水流对准燃烧最猛烈处喷射。

（4）注意事项。由于清水灭火器有效喷水时间仅有 1 min 左右，所以，当灭火器有水喷出时，应迅速将灭火器提起，将水流对准燃烧最猛烈处喷射，同时清水灭火器在使用时应使其与地面保持大致垂直状态，不能颠倒或横卧，否则会影响水流喷射。

二、水基型泡沫灭火器

水基型泡沫灭火器内部装有水成膜泡沫和氮气，水成膜泡沫作为灭火剂，氮气作为驱动气体。

（1）灭火原理。水成膜泡沫灭火剂喷射后，可将空气混入泡沫液中使其发泡，该灭火剂在接触烃类物质表面后泡沫可迅速覆盖起火表面，同时还可以迅速形成一层能抑制可燃液体蒸发的水膜，靠泡沫和水膜的双重窒熄和冷却作用快速有效地扑灭火灾。

（2）结构组成。水基型泡沫灭火器由筒体、器头、压力显示装置、保险销、虹吸管等组成。

（3）适用范围。用于扑救可燃固体和可燃液体的初起火灾，更多用于扑救石油及石油产品等非水溶性物质的火灾。也是木竹类、织物、纸张及油类物质的生产加工、储运等场所的消防必备品，并广泛应用于油田、油库、轮船、工厂、商店等场所。

（4）注意事项。普通水基型灭火器只可以用于扑救非水溶性物质火灾（如汽油、柴油等），对于水溶性易燃、可燃液体火灾（如酒精等），水成膜泡沫可迅速脱水而失去灭火作用，因此扑救极性溶液火灾时，需要选用抗溶性水基型泡沫灭火剂扑救。

三、水基型水雾灭火器

水基型水雾灭火器是水基型灭火器中使用最为广泛的一种灭火器，在汽车、火车、饭店等场所大量配置。

水基型水雾灭火器是一种高科技环保型灭火器，在水中添加少量的有机物或无机物可以改进水的流动性、分散性能、润湿性能和附着性能等，进而提高灭火效率。水基型水雾灭火器能在 3 s 内将一般火势熄灭，而且不复燃；可将近千摄氏度的高温瞬间降至 30~40 ℃。由于灭火剂主要为清水和部分添加剂，因此灭火后药剂可 100% 生物降解，不会对周围设备、空间造成污染。

（1）灭火原理。水基型水雾灭火器喷射后，在火焰周围形成水雾，水雾瞬间吸收火场大量的热汽化，迅速降低火场温度，抑制热辐射，表面活性剂在可燃物表面迅速形成一层水膜，隔离氧气，降温、隔离双重作用，同时参与灭火，从而达到快速灭火的目的。

（2）结构组成。水基型水雾灭火器由筒体、器头、压力显示装置、保险销、虹吸管等组成。

（3）适用范围：①扑救 A 类火灾，如木材、布匹等，灭火剂可以渗透可燃物内部，即便火较大未能全部扑灭，其药剂喷射的部位也可以有效地阻断火源，控制火灾的蔓延速度；②扑救 B 类火灾，如汽油及挥发性化学液体，药剂可在其表面形成水膜，具有隔离的作用，即便水膜受外界因素遭到破坏，其独特的流动性可以迅速愈合，使火焰窒熄。该灭火器主要适合配置在具有可燃固体物质的场所，如商场、饭店、写字楼、学校、旅游场所、娱乐场所、纺织厂、橡胶厂、纸制品厂、煤矿、家庭等。

第二节　洁净气体灭火器

洁净气体灭火器将洁净气体灭火剂直接加压充装在容器中，使用时灭火剂从灭火器中释放到空气中，形成气雾状射流射向燃烧物，当灭火剂与火焰接触时发生一系列物理化学反应，使燃烧中断，达到灭火的目的。洁净气体灭火器适用于扑救可燃液体、可燃气体、可熔化的固体物质及带电设备的初起火灾，可在图书馆、宾馆、档案室、商场及各种公共场所配置使用。

六氟丙烷灭火器是应用最广的洁净气体灭火器。下面以六氟丙烷灭火器为例来介绍洁净气体灭火器。

六氟丙烷是一种以化学灭火为主兼有物理灭火作用的洁净气体化学灭火剂；它无色、无味、低毒、不导电，密度大约是空气密度的 6 倍，可在一定压力下呈液态储存。

一、灭火原理

六氟丙烷灭火剂属于卤代烷灭火剂系列，具有很强的灭火能力。灭火原理主要有：一是抑制作用。六氟丙烷灭火剂在火灾中通过热解能够产生含氟的自由基，并与燃烧反应过程中产生支链反应的 H^+、OH^-、O^{2-} 等活性自由基发生气相作用，从而中断燃烧过程中化学连锁反应的链传递。二是冷却作用。当六氟丙烷灭火剂喷射到可燃物附近时，液体灭火剂迅速转变为气态，吸收燃烧区大量的热量，从而显著降低了保护区和火焰周围的温度。

二、适用范围

六氟丙烷灭火剂具有良好的清洁性，在大气中完全汽化不留残渣，同时具备良好的气相电绝缘性，适用于以全淹没灭火方式扑救电气火灾、液体火灾或可熔固体火灾、固体表面火灾、灭火前能切断气源的气体火灾，保护计算机房、通信机房、变配电室、精密仪器室、发电机房、油库、化学易燃品库房及图书库、资料库、档案库、金库等场所。六氟丙烷灭火系统结构合理、动作可靠，已广泛应用于电子计算机房、档案馆、程控交换机房、电视广播中心及金融机构、政府机关等重要场所。

六氟丙烷灭火器不能扑救下列物质火灾：一是含氧化剂的

化学制品及混合物，如硝化纤维、硝酸钠等；二是活泼金属，如钾、钠、镁、钛、锆、铀等；三是金属氢化物，如氢化钾、氢化钠等；四是能自行分解的化学物质，如过氧化氢、联胺等。

三、注意事项

虽然六氟丙烷对大气臭氧层无破坏作用，全球温室效应潜能值很小，不会破坏大气环境。但六氟丙烷灭火剂及其分解产物对人体有毒性危害，所以使用时应注意。尤其是在狭小空间或房间内使用时，同二氧化碳灭火器一样，当喷射完毕后，灭火人员应避免逗留，需迅速离开，以防中毒。

第三节　简易式灭火器

简易式灭火器是一次性贮压式灭火器。它可以由一只手指开启，简易灭火剂充装量通常小于 1000 mL（或 1000 g）。

一、简易式灭火器分类

✔ 1. 按包装形式分类

简易式灭火器按灭火剂的包装形式可分为一元包装和二元包装两种。一元包装是指灭火剂与驱动气体处于一个包装空间，完全喷射时驱动气体随灭火剂全部喷出。二元包装是指灭火剂与驱动气体分别处于两个包装空间，完全喷射时灭火剂全部喷出，而驱动气体仍储留在灭火器内。

✔ 2. 按充装灭火剂分类

简易式灭火器按充装的灭火剂可分为水基型（包括加入添加剂的水，如湿润剂、增稠剂、防冻剂、阻燃剂或发泡剂等）灭火器（含水雾灭火器），干粉（仅指 ABC 干粉）灭火器，以及氢氟烃类气体灭火器。

二、简易式灭火器的组件

✅ 1. 标志

简易式灭火器的标志，一般都彩印在简易式灭火器筒体的外表，标志的内容有灭火器名称、型号、灭火级别、使用温度范围、驱动气体数量和名称、使用方法（用文字或图形说明）、出厂年月、保质期、制造厂名称等。因为简易式灭火器是一次性使用的，因此在标志上必须写有"灭火器一经开启，不得重复使用、充装"的文字说明。采用二元包装的灭火器应有"用后废弃时，应先将罐体扎破，让预置气体放出"的文字说明。灭火器的保质期不应超过 4 年。

✅ 2. 结构

简易式灭火器的标准中没有规定灭火器应装有显示内部压力的压力指示器，因此简易式灭火器不安装压力指示器是可以的。如果安装了压力指示器，也是可以的，但所安装的压力指示器必须符合要求（与手提式灭火器压力指示器要求相同）。简易式灭火器 20 ℃时充装压力应不大于 1.0 MPa，因此选用的压力指示器 20 ℃时的工作压力应不大于 1.0 MPa。简易式灭火器筒体的外径不得大于 75 mm，有提把（环）的灭火器筒体的外径不应超过 85 mm。

✅ 3. 保险机构

简易式灭火器的保险机构如果与手提式灭火器的保险机构一样，有保险销、铅封（塑料带封），应和手提式灭火器保险机构的要求相同；如果为无手提把的简易式灭火器，则其喷射操作部位应有保护盖等保护措施。

第五章 灭火器的设置及维护管理

灭火器的配置数量和设置部位应符合相关规定，并且需要按时维护保养，灭火器必须便于取用、功能完好，只有这样才能保证火灾中可以第一时间开启灭火器实施灭火。

第一节 灭火器的设置

为了火灾时便于取用和使用灭火器，灭火器的安装设置应稳固，灭火器的铭牌应朝外，灭火器的器头宜向上，对有视线障碍的灭火器设置点，应设置指示其位置的发光标志。

一、手提式灭火器的设置

（1）手提式灭火器宜设置在灭火器箱内或挂钩、托架上。这不仅对于手提式灭火器本身的保护具有一定的益处，可以防止灭火器被水浸渍，受潮，生锈，而且灭火器也不易被随意挪动或碰翻。放置在灭火器箱内的灭火器，还可以防止日晒、雨淋等环境条件对灭火器的不利影响。

（2）环境干燥、洁净的场所，手提式灭火器可直接放置在地面上。对于地面铺设大理石、地板或地毯、环境干燥、洁净的建筑场所，如洁净厂房、电子计算机房、通信机房和宾馆等灭火器配置场所，可以将手提式灭火器直接放置在地面上。

（3）灭火器箱不应被遮挡、上锁或拴系。以防火灾紧急状况时，无法寻找到或无法取用和使用灭火器。

36

（4）灭火器箱的箱门开启应方便灵活，其箱门开启后不得阻挡人员安全疏散。除不影响灭火器取用和人员疏散的场合外，开门型灭火器箱的箱门开启角度不应小于 175°，翻盖型灭火器箱的翻盖开启角度不应小于 100°。

（5）嵌墙式灭火器箱及挂钩、托架的安装高度应满足手提式灭火器顶部离地面距离不大于 1.5 m，放置过高，不利于火灾时取用。灭火器底部离地面距离不小于 0.08 m，以防环境潮湿或地面积水环境中筒体底部受侵蚀。

二、推车式灭火器的设置

（1）推车式灭火器应放置在平坦的地面上，不应设置在台阶和斜坡地面上。置于平坦地面的推车式灭火器应牢靠，在没有外力作用下，推车式灭火器不得自行滑动。

（2）推车式灭火器本身设置的防止自行滑动的固定措施等均不得影响其操作使用和正常行驶移动。

第二节　灭火器的维护管理

灭火器配置场所及单位应确保所配置的灭火器使用功能完好，以确保火灾中可以第一时间使用灭火器扑救火灾，因此需要单位的安全部门或物业服务部门对灭火器展开灭火器日常维护管理。对于灭火器的维护管理工作通常分为日常巡查和全面检查。

一、日常巡查

✅ 1.巡查内容

灭火器设置地点情况，灭火器数量、外观、灭火器压力指示器等情况。

✅ **2. 巡查周期**

消防安全重点单位（如大型商场、宾馆、饭店、客运站、火车站机场等）每天需要至少巡查 1 次，其他单位每周需要至少巡查 1 次。

✅ **3. 巡查要求**

（1）灭火器配置点符合安装配置图表的相关要求，配置点及其灭火器箱上有符合规定要求的发光指示标志。

（2）灭火器数量符合配置安装要求，灭火器压力指示器指向绿区。

（3）灭火器外观无明显损伤和缺陷，保险机构的铅封（塑料带、线封）完好无损。

（4）经维修的灭火器，维修标志符合规定。

二、全面检查

✅ **1. 检查内容**

建筑灭火器的检查是在规定期限内对灭火器配置和外观进行的全面检查（图 5-1）。

图 5-1　检查灭火器

（1）配置检查。包括灭火器配置位置、灭火器配置方式及其附件性能、灭火器基本配置要求、灭火器配置场所、灭火器配置点环境状况等。

（2）外观检查。包括铭牌标志、保险机构、灭火器筒体外观、喷射软管、压力指示装置、其他零部件、使用状态。

✅ 2. 检查周期

（1）灭火器的配置、外观等全面检查每月进行1次。

（2）候车（机、船）室及歌舞娱乐放映游艺等人员密集的公共场所配置的灭火器每半月检查1次。

（3）堆场、罐区、石油化工装置区、加油站、锅炉房、地下室等场所配置的灭火器每半月检查1次。

三、灭火器淘汰与报废

✅ 1. 列入国家颁布的淘汰目录的灭火器

一些灭火器由于使用方法过于复杂，灭火剂不具备环保条件，以及灭火器构造存在一定的安全隐患，我国将下列类型的灭火器淘汰，主要有：

（1）酸碱型灭火器。

（2）化学泡沫型灭火器。

（3）倒置使用型灭火器。

（4）氯溴甲烷、四氯化碳灭火器。

（5）国家政策明令淘汰的其他类型灭火器。

✅ 2. 灭火器报废条件

为了保证灭火器的可靠性和使用的安全性，当灭火器外观或维修过程中发现下列问题的应予以报废：

（1）永久性标志、钢印模糊，无法识别。

（2）气瓶（筒体）被火烧过。

（3）气瓶（筒体）有严重变形。

（4）气瓶（筒体）外部涂层脱落面积大于气瓶（筒体）总面积的 1/3。

（5）气瓶（筒体）外表面、连接部位、底座有腐蚀的凹坑。

（6）气瓶（筒体）有锡焊、铜焊或补缀等修补痕迹。

（7）气瓶（筒体）内部有锈屑或内表面有腐蚀凹坑。

（8）水基型灭火器筒体内部的防腐层失效。

（9）气瓶（筒体）的连接螺纹有损伤。

（10）气瓶（筒体）水压试验不符合要求的。

（11）不符合消防产品市场准入制度的。

（12）由不合法的维修机构维修过的。

（13）法律或法规命令禁止使用的。

✔ 3. 火器报废年限

灭火器的报废年限与维修次数无关，只与出厂年限有关，灭火器出厂或者维修后即使从未使用过，当达到报废年限时也应予以报废。

水基型灭火器出厂期满 6 年应予以报废。

干粉灭火器、洁净气体灭火器出厂期满 10 年应予以报废。

二氧化碳灭火器出厂期满 12 年应予以报废。